BEI GRIN MACHT SICH IHR WISSEN BEZAHLT

AF140385

- Wir veröffentlichen Ihre Hausarbeit,
  Bachelor- und Masterarbeit

- Ihr eigenes eBook und Buch -
  weltweit in allen wichtigen Shops

- Verdienen Sie an jedem Verkauf

Jetzt bei www.GRIN.com hochladen und kostenlos publizieren

Bibliografische Information der Deutschen Nationalbibliothek:

Die Deutsche Bibliothek verzeichnet diese Publikation in der Deutschen National-bibliografie; detaillierte bibliografische Daten sind im Internet über http://dnb.d-nb.de/ abrufbar.

Impressum:

Copyright © 2018 GRIN Verlag
Druck und Bindung: Books on Demand GmbH, Norderstedt Germany
ISBN: 9783668715011

Dieses Buch bei GRIN:

https://www.grin.com/document/427073

Ramona Frommknecht

Handlungsorientierte Entwicklung einer Formel zur Flächenberechnung von Rechtecken. Unterrichtsentwurf für die Sekundarstufe

GRIN Verlag

GRIN - Your knowledge has value

Der GRIN Verlag publiziert seit 1998 wissenschaftliche Arbeiten von Studenten, Hochschullehrern und anderen Akademikern als eBook und gedrucktes Buch. Die Verlagswebsite www.grin.com ist die ideale Plattform zur Veröffentlichung von Hausarbeiten, Abschlussarbeiten, wissenschaftlichen Aufsätzen, Dissertationen und Fachbüchern.

Besuchen Sie uns im Internet:

http://www.grin.com/

http://www.facebook.com/grincom

http://www.twitter.com/grin_com

Unterrichtsentwurf

Thema: Handlungsorientierte Entwicklung einer Formel zur Flächenberechnung von Rechtecken

Klasse: xx (20 SuS)

Fach: Mathematik

Datum: 23.04.2018

Uhrzeit: 11:05 – 11:50 Uhr

Inhaltsverzeichnis

1. Durchdringung und Analyse der Sache

Geometrie kommt aus dem Griechischen und bedeutet »Feldmesskunst« (vgl. Redaktion Schule und Lernen 2004, S. 147). Die Geometrie ist ein „Teilgebiet der Mathematik, das sich mit den Gebilden der Ebene und des Raums befasst" (ebenda, S.147). Dabei wird die Geometrie in Teildisziplinen gegliedert. In der Elementargeometrie wird zwischen Planimetrie[1] und Stereometrie[2] unterschieden. Des Weiteren ist noch die Trigonometrie[3], die Darstellende Geometrie[4], die Analytische Geometrie[5] und die Abbildungsgeometrie[6] zu nennen.

1.1 Flächeninhalt und Umfang des Rechtecks

Flächeninhalt und Umfang des Rechtecks lassen sich in der Ebenen Geometrie (Planimetrie) verorten und bezeichnen Eigenschaften von Figuren.

„Der Flächeninhalt einer Figur der Euklidischen Ebene ist definiert über die sogenannte Flächenmaßfunktion, deren axiomatische Fundierung letztlich auf David Hilbert (1862-1943) zurückgeht […]. Diese Flächenmaßfunktion ordnet jeder ebenen geometrischen Figur eine (reelle) Flächenmaßzahl (den Flächeninhalt) A[7] zu" (Kuntze 2018, S.161).

Dabei müssen unter anderem folgende Eigenschaften gegeben sein:

1) Der Flächeninhalt ist immer größer oder gleich null.
2) Wenn zwei Figuren kongruent sind, sind auch ihre Flächeninhalte gleich.
3) Der Flächeninhalt zusammengesetzter Figuren ergibt sich aus der Summe der Inhalte der Teilflächen.

Der Flächeninhalt ist ein Maß für die Größe einer Fläche einer ebenen Figur. Ein Beispiel hierfür ist das Rechteck, welches ein Viereck mit vier rechten Winkeln und zwei Paar paralleler Seiten ist. Die Diagonalen halbieren sich im Rechteck und es besitzt zwei zueinander senkrechte Symmetrieachsen (vgl. DUDEN 2011, S.274). „Als Umfang einer ebenen Figur, die durch eine Linie begrenzt ist, bezeichnet man die Länge ihrer Begrenzungslinie" (DUDEN 1994, S.629).

Der Flächeninhalt eines Rechtecks mit den Seitenlängen a und b wird mit der Formel $A = a \cdot b$ und der Umfang mit $u = 2 \cdot a + 2 \cdot b = 2(a + b)$ berechnet.

---

[1] Planimetrie beschäftigt sich mit ebenen Figuren (ebene Geometrie).
[2] Stereometrie beschäftigt sich mit dreidimensionalen Körpern (räumliche Geometrie).
[3] Trigonometrie beschäftigt sich mit der Berechnung von Längen und Winkeln in geometrischen Figuren (Redaktion Schule und Lernen 2004, S.148).
[4] Darstellende Geometrie beschäftigt sich mit dem Zeichnen räumlicher Gebilde in der Ebene (ebenda, S.148).
[5] Analytische Geometrie: Darstellung von Punktmengen in einem Koordinatensystem.
[6] Abbildungsgeometrie: Untersuchung von Abbildungen der Ebene oder des Raumes auf sich.
[7] Lat. area = Fläche

Bei dem Quadrat, einem speziellen Rechteck, bei welchem alle Seiten gleich lang sind, folgt die Formel für den Flächeninhalt A = a^2 (= a · a) und für den Umfang u = 4a (vgl. DUDEN 1994, S.169)[8].

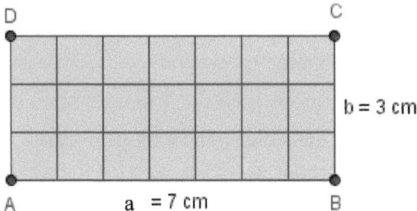

Abbildung 1: Rechteck (http://www.mathe-lexikon.at/geometrie/ebene-figuren/vierecke/rechteck/flaecheninhalt.html, 06.04.18)

In Abbildung 1 beträgt die Länge des Rechtecks a = 7 cm und die Breite b = 3 cm. Der Umfang berechnet sich wie folgt: u = 2 · 7 + 2 · 3 = 2(7 + 3) = 20 und entspricht 20 cm. Der Flächeninhalt wird berechnet, indem man die Seitenlänge mit der Seitenbreite multipliziert. Es ergibt sich ein Flächeninhalt von A = 7 cm · 3 cm = 21 cm2. Flächeninhalte misst man in m2 (Quadratmeter) und daraus abgeleiteten Einheiten[9]. Im oben aufgeführten Beispiel wird die Einheit Quadratzentimeter verwendet. Bei allen Aufgaben ist zu beachten, dass sich die Maßeinheiten der Längen- und Flächenmaße entsprechen. Wird also mit Meter (m) gerechnet, ergibt sich als Fläche Quadratmeter (m2). Stimmen die Einheiten nicht überein, müssen diese vorher umgerechnet werden (vgl. Handbuch Mathe 1997, S. 112ff.).

1.2 Kompetenzen

Flächeninhalt und Umfang eines Rechtecks sind nicht nur in vielen Lebensbereichen relevant, sondern auch für die Entwicklung mathematischen Wissens und mathematischer Fähigkeiten (vgl. Kuntze 2018, S.150). Die Leitidee Messen spielt für Flächeninhaltsbestimmungen dabei eine besondere Rolle. Im Alltag werden Wohnungen durch Angabe ihrer Grundfläche vergleichbar und auch beim Malen und Tapezieren hilft die Berechnung des Flächeninhalts, eine geeignete Menge des benötigten Materials abzuschätzen. Hierfür muss gemessen werden. Die Schüler[10] sollen das Grundprinzip des Messens bei der Flächen- und Umfangsmessung beim Rechteck nutzen, indem sie in Anwendungssituationen Maßangaben entnehmen und

---

[8] In der geplanten Stunde soll auf die formale Schreibweise der Formel mit den Bezeichnungen a, b für die Seiten des Rechtecks verzichtet werden. Es wird lediglich die Bezeichnung Seitenlänge und Seitenbreite verwendet.
[9] Bei Grundstücksgrößen wird auch oft mit der Einheit Ar (a) und Hektar (ha) gerechnet.
[10] Im Folgenden wird aus Gründen der Leserfreundlichkeit ausschließlich die männliche Form verwendet. Weibliche Personen sind jedoch stets inbegriffen.

Berechnungen durchführen sowie das Ergebnis am Ende auf die Sachsituation beziehen (vgl. KMK 2004, S.10).

2. Rahmenbedingungen und heterogene Lernvoraussetzungen

2.1 Darstellung der Schule

Dieser Inhalt wurde aufgrund Interna für die Veröffentlichung entfernt.

2.2 Klassensituation

Dieser Inhalt wurde aufgrund Interna für die Veröffentlichung entfernt.

2.3 Analyse der Lernvoraussetzungen

Der Lerngegenstand der Stunde ist im Bereich der Geometrie (genauer: im Bereich der Flächenberechnung von ebenen Figuren) einzuordnen. In den zwei vorhergehenden Stunden wurde das Thema „Flächeninhalt" und das Thema „Flächenmaße" thematisiert und die Schüler entwickelten eine Grundvorstellung des Abzählens von Kästchen, um den Flächeninhalt von Figuren vergleichen zu können.

Der Begriff des Flächeninhalts ist den Schülern aus diesen Stunden bekannt und auch das Rechteck wurde bereits als Form eines Vierecks behandelt. Der Begriff des Umfangs ist den Schülern hingegen wahrscheinlich noch nicht bekannt. Dieser wird in der geplanten Stunde jedoch auch nicht direkt verwendet.

Aufbauend auf diese hier vorgestellte Stunde wird der Flächeninhalt von zusammengesetzten Figuren erarbeitet.

Aus den bisherigen Unterrichtsstunden konnte ich feststellen, dass die Schüler bei der enaktiven und problemorientierten Erarbeitung eines Themas sehr viel Spaß am Unterricht haben und sehr motiviert sind.

Ich möchte in meiner Unterrichtsstunde deshalb besonderen Wert auf einen enaktiven und problemorientierten Zugang zum Thema „Flächeninhalt des Rechtecks" legen und die Schüler mit viel Material in ihrer Begriffsbildung unterstützen. Besonders die Lernschwächeren sollen durch die Veranschaulichung eine Grundvorstellung zum Thema aufbauen. Für die Lernstärkeren stehen weiterführende Aufgaben zum Nachdenken bereit.

Unterrichtseinheit Flächeninhalt berechnen	
1. Stunde	Flächeninhalt vergleichen
2. Stunde	Übungen zum Flächeninhalt
3. Stunde	Flächenmaße
4. Stunde	Übungen zu Flächenmaße
5. Stunde	Flächeninhalt des Rechtecks
6./7. Stunde	Wiederholung zu Flächeninhalt des Rechtecks; Umfang des Rechtecks
8. Stunde	Zusammengesetzte Figuren

3. Didaktische Analyse

3.1 Bildungswert des Unterrichtsgegenstandes

Die Schüler begegnen häufig Rechtecken in ihrem Alltag. In unserer Umwelt findet man zahlreiche Flächen, welche die Form eines Rechtecks haben. Insbesondere die Berechnung von Umfang und Flächeninhalt eines Rechtecks tritt im Alltag auf (z.B. Fußballfeld abmessen, Wohnungsgrundriss, Bau eines Zauns usw.). Die Schüler werden also direkt im Alltag damit konfrontiert und brauchen die Formel zur Berechnung des Umfangs und des Flächeninhalts für ihr weiteres Leben.

Anwendungsaufgaben aus dem Alltag, die meist als Prototypen für die jeweiligen geometrischen Flächen fungieren, eignen sich besonders gut, um Handlungen, Alltags- und Fachsprache miteinander zu verbinden.

Da die Stunde keine Einführungsstunde zum Thema „Flächeninhalt" darstellt, sondern sich gezielt mit dem Flächeninhalt (und Umfang[11]) des Rechtecks beschäftigt, baut sie auf den vorangegangenen Stunden auf und legt die Basis für eine weitere Beschäftigung mit dem Flächeninhalt ebener Figuren im Mathematikunterricht. Bereits in der Grundschule wird die „Größe" von Figuren verglichen. Erst in der 5. Jahrgangsstufe wird die Flächenmessung dann mit Fokus auf das Rechteck systematisch entwickelt. In höheren Klassenstufen wird der Flächeninhalt und Umfang an weiteren ebenen Figuren durchgeführt (Parallelogramm, Dreieck, Kreis) und spielt bis zum Abitur hin eine Rolle. Ein gutes Grundverständnis über die Berechnung des Umfangs und Flächeninhalts kann den Schülern später bei Berechnungen an

---

[11] Der Fokus der Stunde liegt auf dem Flächeninhalt des Rechtecks. Der Umfang spielt dabei eine hintergründige Rolle und wird nur indirekt im Umgang mit der Problemstellung und der Entwicklung einer Formel für den Flächeninhalt von den Schülern benutzt.

ebenen Figuren helfen. Aufgrund der Formeln, die für die Flächen- und Umfangsberechnungen zur Verfügung stehen, ist zu beachten, dass die Idee des Messens dabei nicht in den Hintergrund tritt (vgl. Kuntze 2018, S.151).

Um ein tiefes Verständnis über das Zustandekommen dieser Formeln zu erreichen, wird zunächst auf die formale Ebene verzichtet und der Fokus auf die Versprachlichung und Begründung des Messvorgangs gelegt.

3.2 Bezug zum Bildungsplan

„Guter Mathematikunterricht bedarf kognitiv aktivierender, reichhaltiger, möglichst authentischer und motivierender inner- und außermathematischer Problemsituationen, die das Potenzial beinhalten, Begriffe, Regeln, Lösungsverfahren oder Modellierungen entweder selbstständig zu entdecken oder begründet zu konstruieren. Dabei spielen die eigenständige Bearbeitung von Frage- und Problemstellungen, die Reaktivierung des Vorwissens [und] die Auseinandersetzung mit unterschiedlichen Zugangs- und Lösungsmöglichkeiten [...] eine wichtige Rolle (Bildungsplan 2016 Sek 1 Mathe, S.9f.)."

Der Bildungsplan 2016 für die Sekundarstufe beschreibt in seinen Leitgedanken zum Kompetenzerwerb die Bedeutung von entdeckendem Lernen, einer selbstständigen Problemlösung und die Einbettung in einen authentischen Kontext. Mathematik trägt insbesondere dazu bei, sich in der Lebenswelt zu orientieren und mit Hilfe mathematischen Wissens vielfältige Lebenssituationen zu bewältigen. So ermöglicht zum Beispiel mathematisches Modellieren ein besseres Verständnis der Welt (vgl. ebd., S.3). Der Mathematikunterricht muss daher den Aufbau und die Weiterentwicklung von Grundvorstellungen fördern, um einen „Sinnzusammenhang zwischen der mathematischen und der realen Welt herzustellen" (ebd., S.9). Dazu gehören vor allem konstruierend-entdeckende Prozesse, welche das Vorwissen aufgreifen und zu einer Auseinandersetzung mit den Sachverhalten führen.

„Innermathematische beziehungsweise anwendungsbezogene Fragestellungen fördern neben dem Erwerb inhaltlicher Kompetenzen die Ausbildung prozessbezogener Kompetenzen und ermöglichen einen Bezug zu den Leitperspektiven" (BP 2016, S.10).

Ziele der Unterrichtsstunde:

Das Thema „Flächeninhalt und Umfang des Rechtecks" fördert dabei besonders die folgende, im Bildungsplan für die Sekundarstufe 1 in Mathematik genannte inhaltliche Kompetenz in der Leitidee „Messen":

1. Die Schüler konstruieren Quadrate und Rechtecke mit vorgegebenem Umfang (LZ1).

2. (Hauptziel) Die Schüler entwickeln „die Formel für den Flächeninhalt [und Umfang] eines Rechtecks mit dem Grundprinzip des Messens" (ebd.) (LZ 2).

3. Die Schüler berechnen „den Flächeninhalt von Quadrat und Rechteck" (ebd.) (LZ 3).

4. Die Schüler verbalisieren und begründen ihre Ergebnisse (LZ 4).

Weitere Teilziele:

    a) *Kognitives Lernziel:*

       Die Schüler aktivieren ihr Vorwissen zum Lerngegenstand (LZk).

    b) *Affektives Lernziel:*

       Die Schüler erfahren durch den Einstiegsimpuls und die Problemstellung Anteilnahme und verfolgen eine ernsthafte Bestrebung die Aufgabe zu lösen (LZa).

    c) *Personales Lernziel:*

       Die Schüler entscheiden sich für ihren konkreten Gegenstand der Aufgabe (Tier) entsprechend ihrem Interesse (LZp1).

       Die Schüler diskutieren in der Klasse über die bestmögliche Lösung (LZp2).

    d) *Soziales Lernziel:*

       Die Schüler können störungsfrei mit ihrem Partner arbeiten (LZs).

    e) *Methodisches Lernziel:*

       Die Schüler üben das Prinzip des entdeckenden Lernens, der Handlungsorientierung und des kooperativen Lernens (LZm).

Diese Kompetenzen sollen durch konkrete Handlungen gefördert werden, um einen behutsamen Übergang zu einem formal-abstrakten Denken zu ermöglichen.

Prozessbezogene Kompetenzen

- Die Schüler üben sich im *Kommunizieren*, indem sie in Partnerarbeit gemeinsam nach verschiedenen Lösungen suchen.
- Die Schüler üben sich im *Argumentieren und Beweisen*, indem sie die Formel für den Flächeninhalt eines Rechtecks mit dem Grundprinzip des Messens erklären.

4. Aufgabenstellung und Differenzierung

4.1 Fachdidaktische Verortung und didaktische Reduktion

In meiner Unterrichtsstunde zum Thema „Flächeninhalt eines Rechtecks" werde ich mich am EIS-Prinzip nach Bruner und am problemlösenden Unterricht orientieren.

Das Spiralprinzip von Bruner und das operative Üben würden sich allerdings auch für die Erarbeitung des Themas eignen. Da es sich jedoch um eine einzelne Stunde bzw. eine kleine Unterrichtssequenz zum Thema handelt, ist das Spiralprinzip von Bruner hier nur in Verbindung mit den vorangegangenen Stunden zum Thema „Flächeninhalt" zu betrachten und stellt eine Vertiefung des Themas auf einer höheren Ebene dar. Die Inhalte, die ich in meiner Unterrichtsstunde vermitteln möchte, können im Laufe der Schuljahre immer wieder aufgegriffen, ausdifferenziert und mit neuen Vorstellungen im Sinne des operativen Übens angereichert werden.

In meiner Unterrichtsstunde werde ich daher besonderen Wert auf das EIS-Prinzip legen.

Nach diesem Prinzip erfolgt die Intelligenzentwicklung auf drei Ebenen:
- enaktive Ebene: Erkenntnisgewinn durch eigene Handlungen an konkreten
                      Materialien
- ikonische Ebene: Erkenntnisgewinn durch Bilder
- symbolische Ebene: Erkenntnisgewinn durch die Verwendung von mathematischer
                      Zeichensprache oder Verbalisierung (vgl. Filler 2015, S.2)

Ich werde in meiner Unterrichtsstunde jedoch vorrangig auf zwei Ebenen eingehen. Die enaktive Ebene empfinde ich als besonders wichtig für die Schüler, da die Schüler beim Konstruieren von Rechtecken bzw. Quadraten und dem Abzählen von Kästchen wichtige geometrische Erfahrungen sammeln und somit eine Vorstellung über Flächeninhalt und Umfang bekommen. Die Schüler können dadurch Zusammenhänge viel besser verstehen. Effektives Lernen kann jedoch nur erfolgen, wenn zwischen den drei Ebenen auch ein Wechsel stattfindet (sowohl vom Konkreten zum Abstrakten als auch vice versa[12]).

---

[12]Vice versa = umgekehrt genauso

Deshalb sollen die Schüler in meiner Unterrichtsstunde nicht nur Rechtecke und Quadrate konstruieren (enaktiv), sondern diese auch einzeichnen (ikonisch). Die symbolische Ebene soll nur durch die Verschriftlichung einer eigenen Regel für die Bestimmung von Fläche und Umfang angeschnitten werden.

Des Weiteren werde ich in meiner Unterrichtsstunde den problemorientierten Unterricht berücksichtigen. Ziel dieses Unterrichts ist eine erhöhte Motivation und ein Verständnis für die Aufgabenstellung auf Seiten der Schüler zu schaffen, um eine höhere und nachhaltigere Verarbeitungstiefe zu erlangen. Durch die emotionale Anbindung an den Realkontext erfolgt eine gründliche Erforschung des Problems, welche mit Handlungsbezug verbunden ist. Die Schüler können sich zudem auf das Vorwissen aus den vorangegangenen Stunden stützen und dieses zur Problemlösung nutzen.

Dabei können dieselben Handlungen auf unterschiedlichen Erkenntnisstufen durchgeführt werden. Dies ist von Schüler zu Schüler verschieden und führt dazu, dass der Lernstoff individuell gelernt werden kann und demzufolge auch besser behalten und verstanden werden kann. Des Weiteren werde ich, wie bereits beschrieben, aus Gründen der didaktischen Reduktion hauptsächlich den Flächeninhalt des Rechtecks in der geplanten Stunde fokussieren. Da der Umfang bei jeder Gruppe bereits vorgegeben ist, entfallen Möglichkeiten zur Entwicklung einer diesbezüglichen Formel.

Der Umfang spielt bei der Erarbeitung der Aufgaben jedoch stets eine Rolle und soll in der darauffolgenden Stunde thematisiert werden.

4.2 Aufgabenanalyse

Die Problemstellung der Stunde besteht darin, eine Formel für den Flächeninhalt des Rechtecks zu entwickeln. Die wird in einer anwendungsorientierten Aufgabe realisiert, welche den Schülern den Auftrag erteilt, eine Auslauffläche für Hühner (bzw. andere Nutztiere) zu erstellen, welche den Tieren gerecht wird. Dieser Auftrag ist zunächst sehr offen gestaltet und wird durch weitere Arbeitsaufträge spezifiziert.

Der erste Arbeitsauftrag der Schüler lautet: „Findet mehrere Möglichkeiten, wie man den Zaun aufstellen kann". Diese Arbeitsanweisung ermöglicht, dass die Schüler verschiedene Lösungen ausprobieren. Lediglich der Umfang (Zaunlänge) ist hierfür vorgegeben. Durch das Konstruieren verschiedener Rechtecke müssen die Schüler in der Lage sein, den Faden (Umfang bzw. Zaunlänge) so aufzuteilen, dass ein Rechteck entsteht. Automatisch gelangen die Schüler dann zu Lösungen von Rechtecken mit verschiedener Länge und Breite oder sogar zum Quadrat. Die Schüler werden somit zum Ausprobieren ermuntert. Diese Aufgabe lässt sich im Anforderungsbereich II (AFB) verorten, da die Schüler sich in einem bereits

8

bekannten Sachverhalt befinden (Quadrate und Rechtecke mit vorgegebenen Seitenlängen konstruieren), dies jedoch selbstständig auf neue Sachverhalte (Umfang ist vorgegeben) übertragen müssen.

Indem die Schüler ihre Lösungen anschließend farblich einzeichnen, üben sie das *darstellen*[13]. Durch die konkrete Fragestellung „Wie groß ist der Flächeninhalt bei euren Lösungen?" werden die Schüler dazu angehalten - zum Beispiel durch Abzählen von Kästchen - den Flächeninhalt zu *berechnen*[14]. Manche Schüler werden schnell feststellen, dass dies sehr mühsam sein kann und man sich auch verzählen kann. Hier ist es möglich, dass die Schüler nach einer schnelleren Variante suchen, um den Flächeninhalt zu berechnen. Ihnen fällt die Struktur des Rechtecks auf: „Es besteht aus einer bestimmten Anzahl von Reihen. In jeder Reihe sind gleich viele Kästchen. Wenn ich die Anzahl der Kästchen in einer Reihe kenne, dann muss ich diese Anzahl nur noch mit der Anzahl der Reihen multiplizieren" (Reiff 2009, S.7). Manche Schüler kommen schneller auf diese Lösung, andere addieren zunächst die Reihen. Dies hängt von der Grundvorstellung der Multiplikation der Schüler ab, welche sie bisher erworben haben.

Mit der Frage: „Welches Gehege würdet ihr Bauer Bernhard empfehlen?" üben die Schüler das *Vergleichen* (AFB II) und beziehen gleichzeitig die Problemstellung aus dem mathematischen Kontext wieder auf die Realsituation entsprechend dem Modellierungskreislauf.

Die letzte Aufgabe fokussiert im Besonderen die Lernstärkeren und reicht über das Stundenziel hinaus. Da die Schüler nicht wissen, dass das Quadrat die größtmögliche Fläche darstellt, müssen sie zunächst probieren (vgl. ebd., S.6). In der Ergebnissicherung sollen die Schüler ihre gewonnenen Erkenntnisse ihren Mitschülern *erklären*[15] können.

4.3 Formen der Differenzierung

Durch die Materialbreite soll die Anschauung bei allen Schülern erleichtert werden. Insbesondere die Lernschwächeren profitieren von der handlungsorientierten Erarbeitung und können später bei aufkommenden Schwierigkeiten wieder darauf zurückgreifen. Stärkere Schüler können sich im Anschluss durch die Zusatzaufgabe mit einem interessanten mathematischen Problem befassen [16]. Die Aufgaben unterscheiden sich dabei sowohl qualitativ als auch quantitativ. Die quantitative Differenzierung zeigt sich vor allem durch den

---

[13] Operator im Anforderungsbereich I. Die Schüler sollen eine graphische Darstellung auf Basis der Wiedergabe der wesentlichen Punkte erstellen.

[14] Dieser Operator befindet sich im Anforderungsbereich II. Die Schüler sollen das Ergebnis von einem Ansatz ausgehend berechnen.

[15] Operator im Anforderungsbereich II.

[16] Das Quadrat hat unter den Rechtecken mit gleichem Umfang den größten Flächeninhalt.

Einsatz der Zusatzaufgabe, welche deutlich komplexer ist, als die anderen Aufgaben. Die qualitative Differenzierung wird durch die selbstdifferenzierende Aufgabenstellung, welche alle Schüler bearbeiten, erreicht. Die Aufgabenbearbeitung unterscheidet sich je nach Kompetenzniveau der Schüler in der Durchdringungstiefe.

Die kooperative und handlungsorientierte Erarbeitung hat dabei zum Vorteil, dass verschiedene Zugänge zum Lerngegenstand zur Verfügung stehen und Verständnisschwierigkeiten direkt im Team geklärt werden können. Insgesamt ist festzuhalten, dass die gestellten Aufgaben in ihrer Komplexität sehr unterschiedlich bearbeitet werden können. Manche Schüler werden sie nur auf der Ebene der Konstruktion bearbeiten. Andere Schüler werden jedoch ihre Ergebnisse mit dem Kontext verknüpfen und diese dahingehend deuten.

5. Methodische Entscheidung und unterrichtspraktische Umsetzung

Einstieg:

Als Einstieg werde ich ein Bild von den Hühnern von Bauer Bernhard (fiktive Person) zeigen, die in Massentierhaltung leben und nur sehr wenig Platz haben (siehe Anhang). Daraufhin werde ich ein Blatt Papier hochhalten und den Schülern sagen, dass ein Huhn oft nicht mehr Platz hat, als auf einem DIN-A4-Blatt. Die Schüler sollen durch diese Angaben eine emotionale Bindung zu der im weiteren Verlauf verwendeten Aufgabenstellung bekommen. Damit ist gleichzeitig die Notwendigkeit und der Einstieg für die Aufgabe geschaffen: Die Schüler sollen eine geeignete Auslauffläche für eines der Tiere planen.

„Das Herstellen von Umweltbezügen bedeutet zunächst das Wiederfinden von Prototypen der [Flächen] in der Umwelt und das Begründen der Zuordnung zu einer Grundform anhand von Eigenschaften" (Weigand et al. 2014, S.141).

Als Alternative hatte ich mir überlegt, die Schüler zu fragen, wie groß die Fläche einer Wand des Klassenzimmers ist, da diese neue gestrichen werden soll und ich hierfür Farbe einkaufen muss. Dafür hätte ich eine Wand mit Einheitsquadraten (hier: m^2) auslegen lassen. Durch Abzählen der Quadrate wären die Schüler auf den Flächeninhalt gekommen. Der Einstieg wäre sicherlich auch interessant für die Schüler. Allerdings empfand ich diesen Einstieg für eine 5. Klasse als wenig sinnstiftend. Hierbei wären wahrscheinlich nur wenige Schüler aktiv. Dies empfand ich als wenig zielführend.

Als eine weitere Alternative fiel mir der informierende Unterrichtseinstieg ein. Die Lehrkraft gibt dazu die Formeln für die Berechnung von Umfang und Flächeninhalt eines Rechtecks vor und rechnet gemeinsam mit den Schülern Beispiele an der Tafel. Dies erschien mir besonders ungeeignet, da die Schüler in späteren Übungsphasen vielleicht noch die Formel im Kopf haben, aber nicht mehr erklären können, wieso man den Flächeninhalt mit A = a · b berechnet. Auch die Unterscheidung von Flächeninhalt und Umfang könnte dann Probleme bereiten und zu einem stumpfen Anwenden der Formeln führen. Deshalb erschien es mir besonders wichtig, Grundvorstellungen bei den Schülern auszubilden (vgl. Reiff 2009, S.7).

„Für den Mathematikunterricht der Sekundarstufe 1 ist eine axiomatische Einführung des Flächeninhalts nicht sinnvoll, da intuitive und inhaltliche Vorstellungen der Lernenden eine Voraussetzung dafür sind, um die Bedeutung von Axiomensystemen überhaupt nachvollziehen oder verstehen zu können (Kuntze 2018, S.162)."

Eine weitere Möglichkeit bestände darin, mit Kopfrechen-Aufgaben einzusteigen, da dies als Ritual in der Klasse verankert ist. Da Kopfrechnen in meiner geplanten Stunde jedoch keine tragende Rolle spielt, habe ich mich gegen diese Möglichkeit entschieden.

Erarbeitung:

An den Einstieg anknüpfend gehe ich die weitere Vorgehensweise für die Partnerarbeit mit den Schülern durch und gebe ihnen ein Zeitlimit vor, um ein zügiges Arbeiten der Schüler zu unterstützen. Anschließend teile ich den Schülern den Arbeitsauftrag und die nötigen Materialien aus. Die Materialien befinden sich pro Gruppe in einer kleinen Box, um bei der Verteilung der Materialien nicht unnötig Zeit zu verlieren. Die Zuweisung der Gruppenaufträge ist damit automatisch verbunden. Es wird demzufolge zehn Zweiergruppen geben. Diese Sozialform habe ich gewählt, da sie sehr schülerorientiert ist und kooperative Lernformen wie Gruppenarbeit im Mathematikunterricht der Klasse nicht hinreichend etabliert sind. In Partnerarbeit haben die Schüler die Möglichkeit sich konstruktiv einzubringen. Zudem erfordert es keinen zusätzlichen organisatorischen Aufwand, da die Schüler jeweils mit ihren Sitznachbarn arbeiten werden. Hier arbeiten meist leistungshomogene Paare zusammen, was einen Austausch auf gleicher Ebene unterstützt[17] (vgl. Brand 2016, S.134f.). Da es fünf verschiedene Gruppenaufträge gibt, wird jeder davon doppelt vorkommen. Diese Gruppen können später bei der Überprüfung der Lösung als Kontrollgruppen herangezogen werden. Dies ist sinnvoll, da das Wissen zu einem Sachverhalt aus mehreren Perspektiven erarbeitet und dann als Expertenwissen weitergegeben werden kann. Die Schüler können sich dabei gut untereinander austauschen und ihr Wissen vermitteln. Überdies fördert diese Sozialform „divergentes Denken[18]" und die selbstständige

---

[17] Ausnahme bilden hier Tim und Nico N..
[18] Divergentes Denken: „Querdenken"; unsystematisches, offenes Denken, welches zur Lösung von Problemen eingesetzt werden kann

Aneignung von Wissen. Die Partnerarbeit soll dabei aufgabengleich, jedoch im Schwierigkeitsgrad unterschiedlich, durchgeführt werden. Die Schüler sollen hierdurch einen aktiven und handlungsorientierten Zugang erfahren. Schülern, die Probleme mit dem Anwenden und Herleiten mathematischer Formeln haben, fällt es leichter, wenn sie etwas konkret in der Hand haben und damit operieren können, um zu einem Ergebnis zu kommen.

Würde man von einer Input-Phase am Anfang des Unterrichts ausgehen, könnte man alternativ in der Erarbeitungsphase sich nach dem Modell „Fundamentum-Additum" orientieren. Dies ist ein Modell der inneren Differenzierung. Das „Fundamentum" ist dazu da, den Schülern Grundlagenkenntnisse zu vermitteln und wäre die gemeinsame Erarbeitung an der Tafel. Die Schüler würden dann über die gleiche Ausgangslage verfügen. Das „Additum" ist für zusätzliche Inhalte und die Vertiefung des Themas zuständig. Hier könnte man verschiedene Anwendungsaufgaben von den Schülern in Gruppenarbeit oder in Einzelarbeit bearbeiten lassen.

In der Partnerarbeitsphase, welche für die geplante Stunde ausgewählt wurde, bearbeiten dann alle Gruppen den konkreten Arbeitsauftrag, verschiedene Möglichkeiten zu finden, wie man den Zaun aufstellen kann. Hier wäre es möglich, dass einige Schüler nicht nur ganze Kästchen auf dem Blatt abstecken, sondern auch Diagonalen der Kästchen verwenden und dementsprechende Figuren erstellen. Dies wäre auf die Einführung in das Thema Flächeninhalt zurückzuführen, da dort verschiedene „Figuren" auf dem Kästchenpapier dargestellt und verglichen wurden (z.B. ein Haus oder Löwe). Ich halte dies jedoch aufgrund der Kontextualisierung für unwahrscheinlich. Sollte dies vorkommen, werde ich die Schüler fragen, ob sie dies für die Aufgabe (ein Gehege abzustecken) sinnvoll erachten. Ein weiteres Problem könnte die Fadenlänge sein, da diese deutlich länger ist, als im Arbeitsauftrag verlangt. Die Schüler müssen somit jedes Mal hinterfragen, ob sie auch den richtigen Umfang verwendet haben.

Danach sollen die Lösungen farblich eingezeichnet werden und der Flächeninhalt der Rechtecke bestimmt werden. Hier ist es den Schülern selbst überlassen, ob sie hierfür Kästchen abzählen oder nach einer schnelleren Methode suchen. Problematisch könnte bei der Berechnung des Flächeninhalts die maßstabsgetreue Umrechnung sein, da einem Kästchen auf dem Papier ein Meter in Wirklichkeit entspricht. Da die Schüler bereits Schwierigkeiten im Bereich Maßstab gezeigt haben, werde ich auf der Rückseite des Arbeitsauftrags einen Hinweis verstecken, welcher bei diesbezüglichen Schwierigkeiten selbstständig von den Schülern verwendet werden kann. Zudem werde ich das Prinzip der minimalen Hilfe während der Partnerarbeit anwenden. Aus Erfahrung weiß ich, dass die Schüler das Benutzen von

Hilfs- oder Tippkärtchen ablehnen, weshalb ich den Hinweis direkt auf den Arbeitsauftrag gedruckt habe und während der Partnerarbeit bei auftretenden Problemen unterstützend wirke und Anregungen gebe.

Die Aufgaben sind durch ansteigende Schwierigkeit gekennzeichnet. Dies schafft gerade am Anfang eine Motivation bei den Schülern, da die ersten Aufgaben von allen bearbeitet werden können. Das Prinzip „vom Leichten zum Schweren" wird hier umgesetzt.

Das handelnde Erzeugen verschiedener Rechtecke stellt wichtige positive Beispiele für das Begriffslernen her. Zusätzlich helfen die Materialien das Vorstellungsvermögen der Schüler aufzubauen und sind gute Anschauungshilfen. Als weitere Alternative zu der kontextgebundenen Aufgabe hatte ich mir auch überlegt, den Schülern verschiedene Rechtecke in unterschiedlichen Farben auszuteilen und diese mit Einheitsquadraten (cm^2) auslegen zu lassen. Dies entspricht dem Messen-durch-Auslegen-Aspekt (vgl. Kuntze 2018, S.163) und wäre eine vereinfachte und schnellere Form der Erarbeitungsphase, die zu einem ähnlichen Ergebnis führen würde. Allerdings wird hier der mathematische Blick auf die Berechnung von Umfang und Flächeninhalt in den Fokus gestellt, der Alltagsbezug fehlt völlig. Da ich fächerübergreifenden Unterricht und vernetzendes Denken ermöglichen möchte, habe ich mich für die Verbindung von Flächenberechnung mit einem Realkontext entschieden.

Sicherungs-/ Präsentationsphase:

In der Sicherungsphase habe ich mich zunächst für eine kurze Diskussion der Ergebnisse im Plenum entschieden. Dabei soll besprochen werden, welche Lösungsmöglichkeiten die Schüler gefunden haben und wie diese bei der Berechnung des Flächeninhalts vorgegangen sind. Einzelne Beispiellösungen werden unter die Dokumentenkamera gelegt und mit den Schülern besprochen. Anschließend teile ich den Schülern ein kleines Arbeitsblatt aus. Es wird gemeinsam mit den Schülern eine Regel zur Flächenberechnung formuliert und auf das Arbeitsblatt übertragen, welches dann in das Regelheft eingeklebt wird. Die gemeinsam aufgestellte Regel beinhaltet dabei die wesentlichen Erkenntnisse, welche die Schüler in der Stunde erarbeitet haben.

Eine Variante wäre, die Ergebnisse nur mündlich zu sammeln und die Schüler dabei beschreiben zu lassen, wie sie jeweils vorgegangen sind. Da ich jedoch sehr viel Wert auf die Würdigung der Schülerprodukte lege und die Ergebnissicherung möglichst anschaulich gestalten möchte, habe ich mich für die bereits genannte Vorgehensweise entschieden.

Als weitere Alternative hätte man die verschiedenen Gruppen auch vorne an der Tafel oder am

OHP präsentieren lassen können. Jedoch würde sich nach einiger Zeit Vieles wiederholen und zu keinem neuen Erkenntnisgewinn führen. Außerdem würde dies zusätzlichen Zeitaufwand bedeuten.

Ausblick:

In der darauffolgenden Stunde könnte man das Thema Flächeninhalt und Umfang eines Rechtecks weiterführen und vertiefen. Besonderen Fokus sollte dabei diesmal der Umfang spielen, da dieser in der geplanten Stunde in den Hintergrund gerückt ist. Dazu würden sich als Einstieg zunächst ein paar Kopfrechenaufgaben zur Multiplikation und Addition anbieten, um auf das Thema vorzubereiten. Danach könnte man Übungsaufgaben (z.B. aus dem Schulbuch) anschließen, um die Erkenntnisse der Schüler zu festigen. Da das Schulbuch in einer differenzierten Ausgabe vorliegt, können die Schüler ihre Kompetenzen auf ihrem jeweiligen Niveau überprüfen. Um weitere Zusammenhänge zwischen Umfang und Flächeninhalt zu verdeutlichen, würde sich abschließend die Arbeit mit Geogebra[19] anbieten. Geogebra bietet die Möglichkeit durch Verschieben eines Reglers, Umfang und Flächeninhalt in Abhängigkeit voneinander zu betrachten[20]. Dies würde den Blick auf das Thema sinnvoll erweitern.

---

[19] Dynamische Geometrie-Software
[20] 1) Bei gleichbleibendem Umfang kann der Flächeninhalt variieren
    2) Je größer die Differenz der beiden Seitenlängen, desto kleiner wird bei gleichem Umfang der Flächeninhalt.
    3) Bei gleichbleibendem Flächeninhalt kann der Umfang variieren (vgl. Reiff 2009, S.9).

6. Strukturskizze/ Verlaufsplanung

Schule: xxxxxxxxxxxxxxxxxxxxx   Klasse: xx / 20 SuS

Fach: Mathematik   Datum: 23.04.2018

LA: xxxxxxxxxxxxx

Mentorin: xxxxxxxxxxxxxx

Thema: Handlungsorientierte Entwicklung einer Formel zur Flächen- und Umfangsberechnung von Rechtecken

1. Die Schüler konstruieren Quadrate und Rechtecke mit vorgegebenem Umfang (LZ1).

2. (Hauptziel) Die Schüler entwickeln „die Formel für den Flächeninhalt [und Umfang] eines Rechtecks mit dem Grundprinzip des Messens" (ebd.) (LZ 2).

3. Die Schüler berechnen „den Flächeninhalt von Quadrat und Rechteck" (ebd.) (LZ 3).

4. Die Schüler verbalisieren und begründen ihre Ergebnisse (LZ 4).

Zeit/ Phase	Lehr-Lern-Interaktion	Didaktischer Kommentar. Lernintensionen	Sozialform	LZ	Arbeitsmittel und Medien
11:05 Uhr Hinführung	- Begrüßung/Vorstellung der Gäste - L stellt Problem vor „Ein Huhn hat oft nicht mehr Platz als ein DIN-A4-Papier." ➔ L legt Bild von Hühnern auf und hält ein DIN-A4 Blatt hoch - Erwartete Schülerantwort: eng, wenig Platz, …	*Die SchülerInnen erkennen den Bezug zur Realität und entwickeln Interesse an der Lösung der Aufgabe.* Problemorientierter Einstieg/ stummer Impuls	Plenum	LZa	- Bild Hühner - DIN-A4-Papier - Dokumenten-kamera
11:10 Uhr Überleitung	- L: „Wir wollen uns heute überlegen, wie groß eine Auslauffläche sein sollte und werden verschiedene Lösungen ausprobieren. Dafür werdet ihr jeweils zu zweit mit eurem Sitznachbarn ein Gehege für ein Tier	Hinweis, dass verschiedene Lösungen möglich und erwünscht sind.	Plenum	LZa LZp1	- Tierkärtchen - Arbeitsplan Folie - Arbeitsauftrag für PA

15

Zeit/Phase	Handlung		Sozialform	LZ	Material
	planen. Es gibt verschiedene Tiere zur Auswahl." - L legt Ablaufplan auf Folie auf und bespricht ihn mit den SuS → L teilt Arbeitsmaterial aus und SuS entscheiden sich paarweise für ein Tier				- AB Wiese - Stecknadeln - Faden
11:15 Uhr Erarbeitung	- Die SuS beschäftigen sich mit dem Problem - Jede Zweiergruppe hat dabei eine leicht veränderte Aufgabe zu erledigen (je nach Tier) - L unterstützt die SuS bei Bedarf - Schnelle Gruppen können sich mit der Zusatzaufgabe beschäftigen ("Welches Viereck hat den größtmöglichen Flächeninhalt?") - L beendet die Partnerarbeit und leitet zur Ergebnissicherung über	*Die Schüler überlegen sich anhand der Problemstellung verschieden große Rechtecke. Die Schüler erfahren enaktiv die Begriffe Umfang und Flächeninhalt und füllen diese mit Realitätsbezügen. Die Schüler können eine Formel zur Flächenberechnung entwickeln. Selbstentdeckendes Lernen Enaktiv + ikonisch*	PA	LZk LZs LZm LZ1 LZ2 LZ3	
11:40 Uhr Ergebnis- sicherung	- Die SuS stellen ihre Lösungen vor → Kurze Diskussion darüber, Vergleich mit Kontrollgruppen - gemeinsame Formulierung einer Regel für die Berechnung von Flächeninhalt und Umfang bei Rechtecken	*Die Schüler können ihre Erkenntnisse verbalisieren und begründen. Symbolisch*	U-Gespräch	LZp2 LZ4	- Dokumenten- kamera - Regelheft
11:50 Uhr Abschluss	- gemeinsame Verabschiedung				

16

7. Literaturverzeichnis

Böttner, J. et al. (2006): Schnittpunkt 2 Mathematik – Baden Württemberg. Stuttgart: Ernst Klett Verlag

Brand, Tilman von (2016): Deutsch unterrichten. Einführung in die Planung, Durchführung und Auswertung in den Sekundarstufen. Seelze: Klett Kallmeyer.

DUDEN (1994) (5. Aufl.): Rechnen und Mathematik. Das Lexikon für Schule und Praxis. Mannheim: Dudenverlag.

DUDEN (2011) (4. Aufl.): Basiswissen Schule Mathematik. 5. Bis 10. Klasse. Berlin: Duden Schulbuchverlag.

Filler, A. (2015): Einführung in die Mathematikdidaktik, Teil 2 – Einige lerntheoretische Grundlagen und daraus resultierende Prinzipien für den Mathematikunterricht. Abrufbar unter: didaktik.mathematik.hu-berlin.de/files/einfmadid2lernpsych.pdf (aufgerufen am 13.04.2018)

Kuntze, S. (2018). Flächeninhalt und Volumen. In: Weigand, H.G. et al. (2018): Didaktik der Geometrie für die Sekundarstufe. Berlin: Springer Verlag

Ministerium für Kultus, Jugend und Sport Baden-Württemberg (2016): Bildungsplan 2016 Mathematik. Sekundarstufe 1. Neckar-Verlag Villingen Schwenningen.

O.A. (1997): Neues Handbuch Mathe. Tandem Verlag.

Redaktion Schule und Lernen (Hrsg.) (2004): Schülerduden Mathematik I – Ein Lexikon zur Schulmathematik für das 5. bis 10. Schuljahr. Mannheim: Dudenverlag.

Reiff, R. (2009). Wo die glücklichen Hühner wohnen. Eine Formel zur Flächen- und Umfangsberechnung entwickeln. In: Wer ist Mr.X? Variablen, Terme, Gleichungen, 6/2009, S.6-9.

8. Abbildungsverzeichnis:

Abb. 1: http://www.mathe-lexikon.at/geometrie/ebene-figuren/vierecke/rechteck/flaecheninhalt.html
(aufgerufen am 06.04.2018)

Folgender Inhalt wurde für die Veröffentlichung entfernt:

Abb. 2: https://www.landschafftleben.at/blog/massentierhaltung-ein-paar-grundsaetzliche-gedanken_b533
(aufgerufen am 10.04.18)

Abb. 3: Reiff 2009, S. 7

Abb. 4: Reiff 2009, S. 8

Abb. 5: Reiff 2009, S. 3 (Materialheft)